微·小·世界的
原子朋友们

[韩国] 郭泳稙 著

[韩国] 李经石 绘 石安琪 译

译林出版社

再变小、再变小,会变成什么呢?

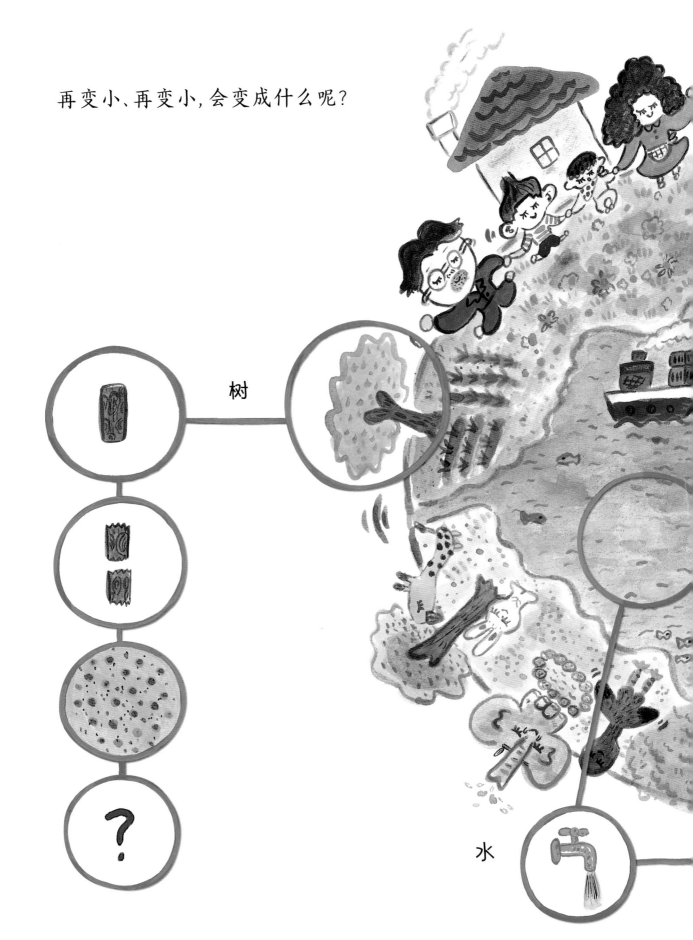

树

水

石头

* 原子结合构成分子时，根据原子的
数量不同、种类不同、排列结构不
同，构成的分子也不尽相同。本书
考虑到读者的年龄，只对构成分子
的原子种类进行了介绍。

再变小、再变小，
会变成什么呢？

跆拳道

内科

玻璃

医院

花店

面包店

超市

BUS

可回收

罐头

塑料

?

再变小、再变小，会变成什么呢？

米饭

巧克力

橘子

把物质不断地分解变小，
就会得到分子。
分子是构成物质的最小颗粒。
它们虽然非常非常微小，
但也具备了物质的所有性质。
把大米磨碎了就是米粉，
继续研磨米粉，
就会变成"大米分子"了。
它的味道、营养跟大米是一样的。

彩虹年糕
松饼
条形糕

大胡子年糕

大胡子
年糕

大米

那么，分子可以再变小吗？

分子再变小，就会变成更小的原子。

变成原子之后，就不具备物质原本的性质了。

让我们来试着分解一下水分子。

你会发现，水分子是由氢原子和氧原子组合而成的。

氢原子、氧原子的性质和水分子完全不同。

世界上有100多种原子。

相同的原子，或者不同的原子，

会三三两两地组合在一起。

这样，就构成了数不清的分子。

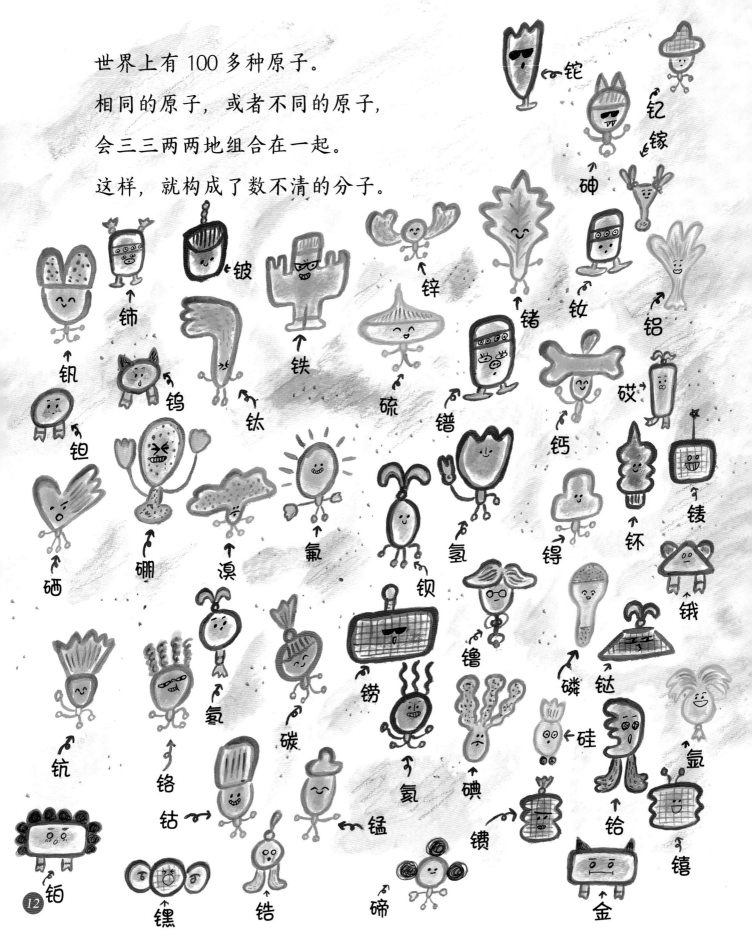

铊

钇

镓

砷

铍

铈

锌

钕

铝

钒

铁

钽

钨

铒

铕

碇

钛

硫

铣

钙

镆

硒

硼

溴

氟

氢

镝

钚

钸

铪

钌

铬

氦

碳

锝

钡

镥

磷

铋

钪

碘

硅

氙

钴

锆

锰

镨

铩

金

铂

镭

碲

原子朋友们

13

最小的原子是氢原子。

水、青草、树木中就有大量的氢原子。

青草和树木也含有大量的碳原子。

在我们呼吸的空气中，有非常多的氮原子，

也有很多的氧原子。

氢原子 最小、最轻的原子。
氧原子 点燃物质不可缺少的原子。
氮原子 空气中含量最多的原子。
碳原子 构成人类、动物、植物等各种生命体所必需的原子。

原子非常小，我们用肉眼是看不见的。

所有的物质里都有原子。

如果我们能看见原子，会看到什么呢？

我们会发现，

呼出和吸入的空气中所含的原子是不一样的。

氧原子

我们吸入的空气中，含有大量的氧原子。每两个氧原子就可以构成一个氧分子。

二氧化碳

和吸入的空气相比，我们呼出的空气中含有的二氧化碳更多。二氧化碳分子是由一个碳原子和两个氧原子构成的。

原子是不会消失的。

当分子变成原子后，它的原子会和其他原子结合，

构成新的分子。

就这样结合又分裂，

分裂再结合，

不断地循环，再循环。

随着时间的流逝，便便会变成泥土的一部分。便便中的原子也会进入泥土之中。

水稻吸收泥土中的水和养分，里面包含了泥土中的各种原子，最终结出了一粒粒稻米。

稻米变成米饭，被我们吃进肚子里。米饭中的原子要么成为养分，被人体吸收；要么成为便便，被排泄到体外。

各种原子汇聚到一起，就会变成各样的分子。

分子又会形成多种多样的物质。

碳水化合物

年糕蛋糕是用米粉做的。米粉中含有碳水化合物分子。一个碳水化合物分子，包含六个碳原子、六个氧原子和十二个氢原子。米饭、年糕那么好吃，是因为它们含有大量的碳水化合物分子。

我们的身体中有很多蛋白质分子。碳原子、氢原子、氮原子、氧原子一起组合成了蛋白质分子，这些分子的结构比碳水化合物更复杂。我们的身体就是由这么复杂的分子构成的。

塑料

科学家将多种原子组合起来，制造出了很多的新物质，塑料就是其中之一。塑料分子的结构非常复杂，以氢原子、碳原子为主，还包含了很多其他的原子。塑料的种类不同，所含有的分子种类也不同。

还有很多物质，比如铁，
是由同一种原子整齐排列构成的。

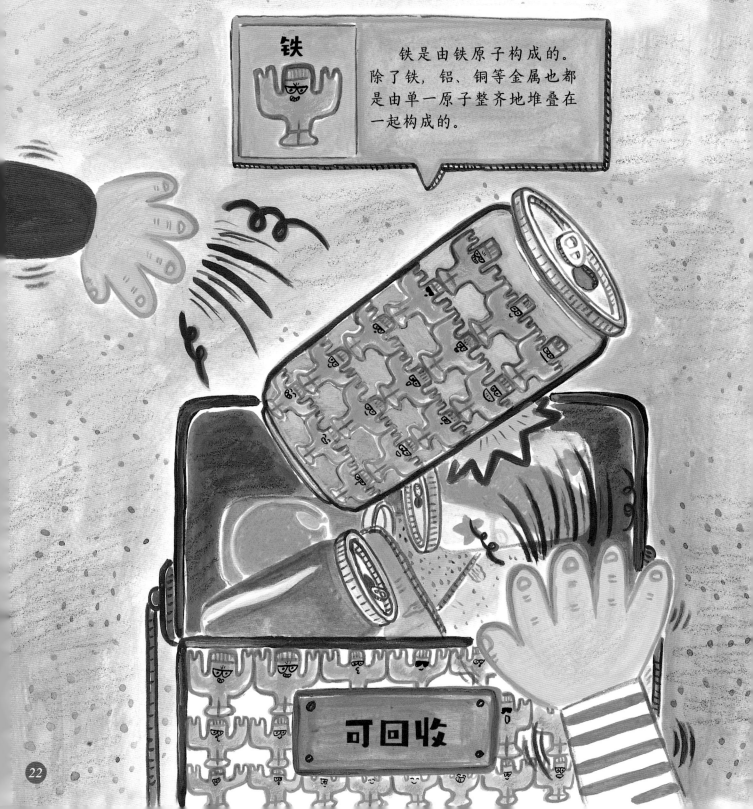

铁

铁是由铁原子构成的。除了铁，铝、铜等金属也都是由单一原子整齐地堆叠在一起构成的。

可回收

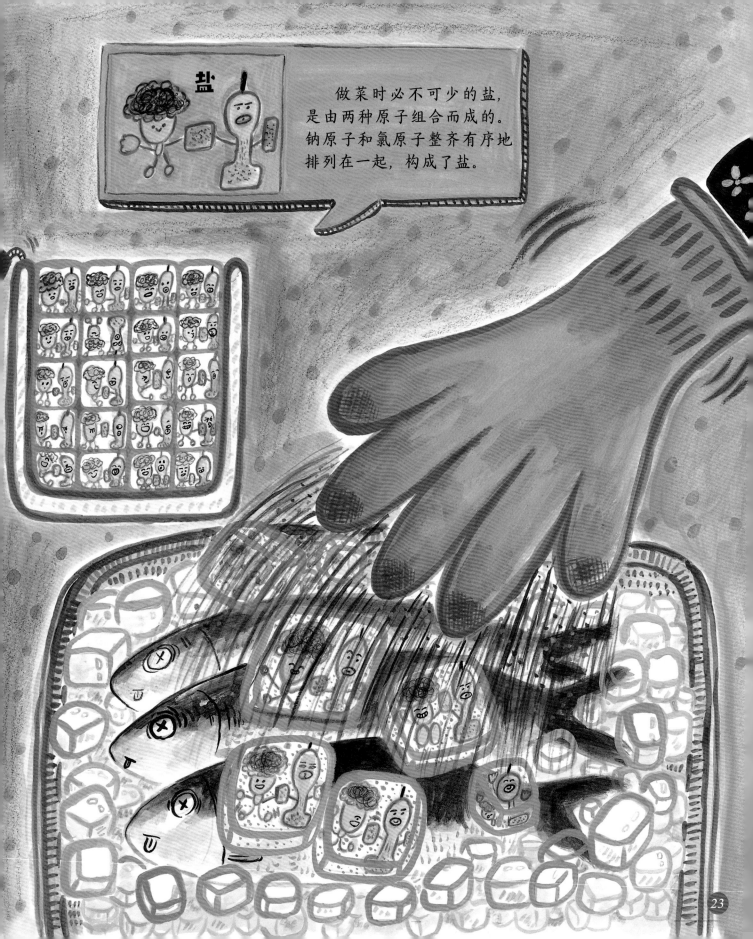

盐

做菜时必不可少的盐，是由两种原子组合而成的。钠原子和氯原子整齐有序地排列在一起，构成了盐。

不过，即使是同样的原子组合在一起，也会构成不同的分子。
根据排列方式的不同，碳原子会形成石墨，也会形成钻石。
碳纳米管这种物质也是由单一的碳原子构成的。

石墨

铅笔芯里面就有石墨。碳原子整齐地手拉手，围成六边形，构成了石墨。石墨质地柔软、易碎。

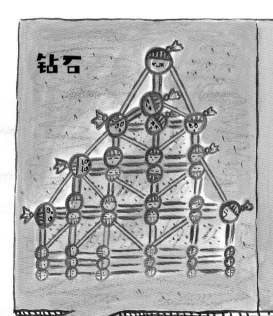

钻石

钻石和石墨一样，也是由碳原子构成的物质。钻石中的碳原子紧紧地连接成四面体。这种连接方式非常牢靠。钻石是一种非常坚硬的物质。

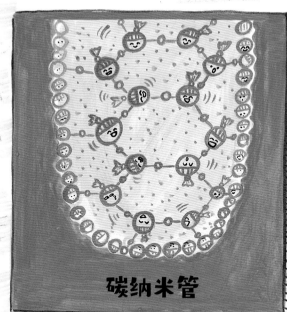

碳纳米管

碳纳米管也是由碳原子组成的。用碳纳米管制作的纤维虽然都非常轻薄，但是非常强韧，能支撑起一辆汽车。在未来，碳纳米管会被应用在哪些地方呢？

看看你的周围，

书桌、机器人玩具等物品，

都是原子相互组合构成的。

原子组合在一起，

还构成了鲜花、大树、蝴蝶、小狗。

原子朋友

棉花糖

原子相互组合，创造出了蔚蓝的地球和闪亮的星星。

原子朋友们是不是太奇妙啦？

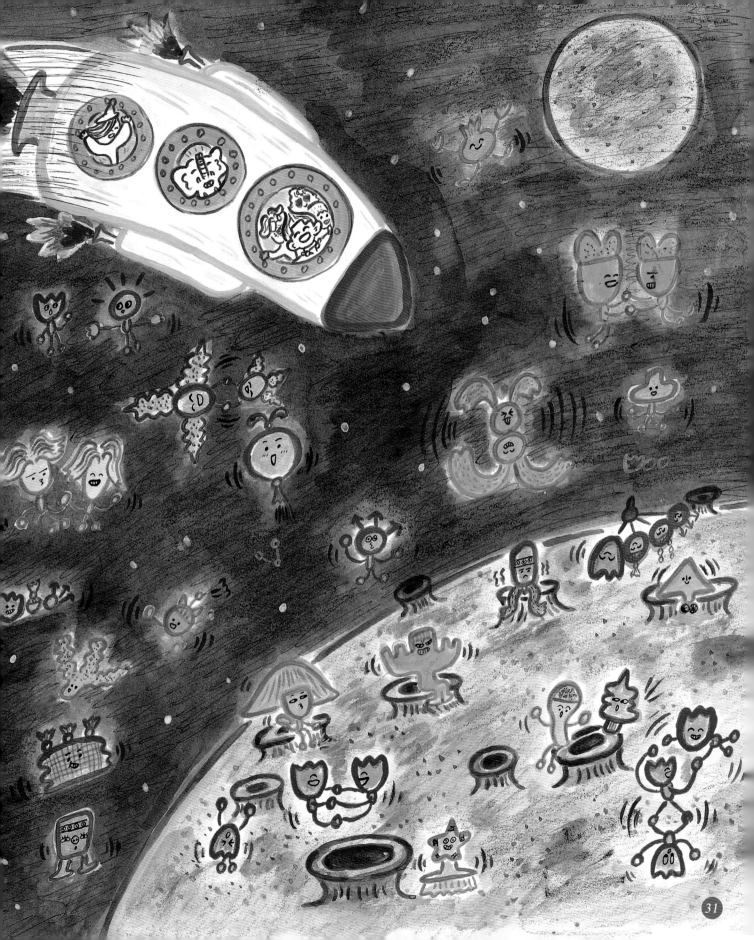

你好奇更微小的世界吗?

通过电子显微镜看到的世界

　　电子显微镜可以把物体放大好几百倍, 方便我们进行细致的观察。把微小的物体放大了看, 和我们用肉眼看到的样子是完全不同的。但是, 用电子显微镜也依然看不到分子和原子的具体模样。

黄色的玉米粉在电子显微镜
　　下是这样的。

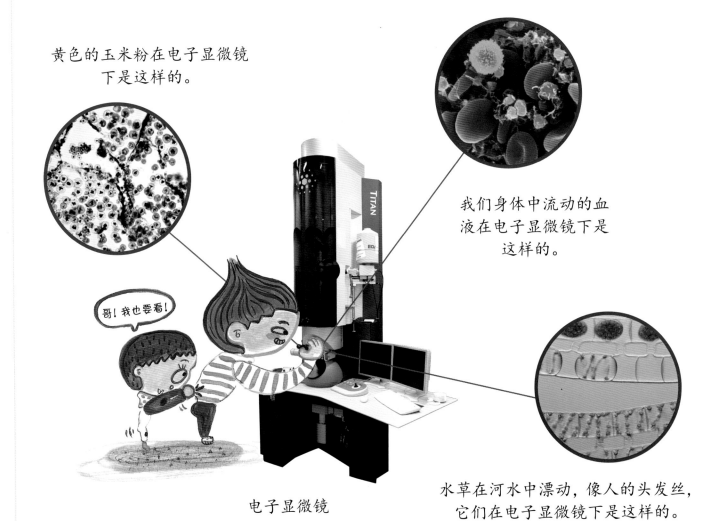

我们身体中流动的血液在电子显微镜下是这样的。

哥! 我也要看!

电子显微镜

水草在河水中漂动, 像人的头发丝, 它们在电子显微镜下是这样的。

很久很久以前，人类就开始好奇那些用肉眼看不到的世界了。现在，让我们一起探索一下这神秘的微观世界吧！

原子究竟长什么样？

原子实在太小了，即便是用电子显微镜，我们也看不到它们。因此，科学家用搭建模型的方式来研究原子。可是我们看不见原子，该怎么搭建模型呢？通过研究原子的各种性质，对它们进行数学分析，就可以搭建出原子的模型。

通过研究原子模型，我们可以进一步了解到，原子是由原子核以及比原子核更小的电子组成的。电子围绕在原子核的周围，做高速运动。

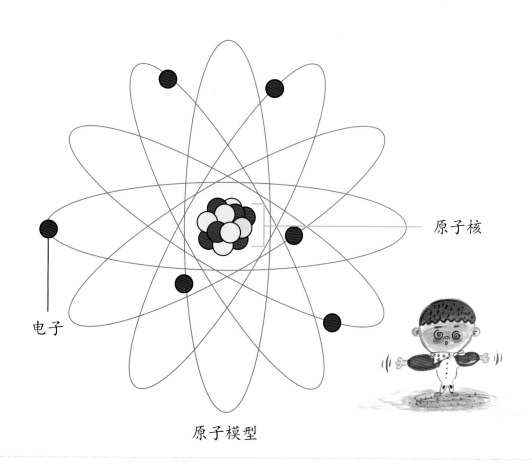

原子核

电子

原子模型

与生活息息相关的化学

我们的周围有各种各样的东西。比如我们正在看的书、吃饭时用到的碗，还有小朋友们喜欢的玩具等等。走出家门，我们能看到的东西就更多了。有奔驰在马路上的小汽车，飞翔在天空中的飞机；也有高耸入云的远山和碧蓝澄澈的大海。走进动物园，我们会看到可爱的企鹅和高大的大象。可是，这一切的一切都是由什么构成的呢？

很久以前，科学家们就想搞清楚我们生活的世界到底是由什么构成的，但这不是一件容易的事。想要弄清楚世界的构成，就得把我们身边的物体分割再分割，无限分割之后，这些物品就小到看不见啦。科学家们经过不断的尝试和努力，最终知道了构成世界万物的，是一种叫"原子"的微小颗粒。

原子聚集在一起，就构成一种叫"分子"的小颗粒。分子比原子大，也具备了物质的基本性质。有的分子由两个原子组成，有的分子由三个原子组成。像碳水化合物、蛋白质这样的分子，则是由许多个原子构成的。科学家们甚至还制造出了自然界中不存在的新分子。

研究科学的人们，总希望可以弄明白我们生活的世界将如何继续发展，也

想搞清楚万事万物是怎样产生的。为了探寻这两个问题的答案，首先就要了解清楚构成这个世界的原子和分子。只有这样，我们才能知道太阳为什么会发光，动物和植物如何生长。

而且，了解清楚了原子和分子，也可以创造出更多新的物质，为我们的生活提供更大的便利。治病救人的药物，有很多都是利用人造分子制造而成的。在未来，随着科学技术的不断发展，人类会制造出更多的新型分子。

虽然，原子和分子小到无法用肉眼看见，它们却和我们的生活有着非常紧密的联系。科学就是这样，我们了解得越多，就越会觉得科学有趣、神奇！

——作者　郭泳稹

图书在版编目（CIP）数据

咚咚咚，敲响化学的门. 微小世界的原子朋友们 /
（韩）郭泳稙著；（韩）李经石绘 ；石安琪译.—南京：
译林出版社，2022.4
ISBN 978-7-5447-8987-5

Ⅰ.①咚… Ⅱ.①郭…②李…③石… Ⅲ.①化学 -
少儿读物 Ⅳ.①O6-49

中国版本图书馆 CIP 数据核字（2021）第 264171 号

有趣的酸碱性 (구리구리 똥은 염기성이야?)
Text © Seong Hye-suk   Illustration © Baek Jeong-seok

无处不在的化学变化 (부글부글 시큼시큼 변했다, 변했어!)
Text © Kim Hee-jeong   Illustration © Cho Kyung-kyu

神奇的混合物 (뿡뿡 방귀도 혼합물이야!)
Text © Yi Jeong-mo   Illustration © Kim I-jo

我们身边的固体、液体、气体 (단단하고 흐르고 날아다니고)
Text © Seong Hye-suk   Illustration © Hong Ki-han

微小世界的原子朋友们 (더더더 작게 쪼개면 원자)
Text © Kwag Young-jik   Illustration © Lee Kyung-seok

This edition arranged with Woongjin Think Big Co., Ltd.
through Rightol Media Limited.
Simplified Chinese edition copyright © 2022 by Yilin Press, Ltd
All rights reserved.

著作权合同登记号   图字: 10-2019-577 号

微小世界的原子朋友们 [韩国]郭泳稙 / 著   [韩国]李经石 / 绘   石安琪 / 译

审　　校　周　静
责任编辑　王　维
装帧设计　胡　苨
校　　对　孙玉兰
排　　版　陆　莹
责任印制　颜　亮

原文出版　Woongjin Think Big , 2013
出版发行　译林出版社
地　　址　南京市湖南路 1 号 A 楼
邮　　箱　yilin@yilin.com
网　　址　www.yilin.com
市场热线　025-86633278
印　　刷　新世纪联盟印务有限公司
开　　本　880 毫米 ×1230 毫米 1/16
印　　张　11.25
版　　次　2022 年 4 月第 1 版
印　　次　2022 年 4 月第 1 次印刷
书　　号　ISBN 978-7-5447-8987-5
定　　价　125.00 元（全五册）